内蒙古自治区高等级公路建设施工标准化指南系列

内蒙古自治区高等级公路建设施工标准化指南

第七分册　交通安全设施

内蒙古自治区交通运输厅
中　国　公　路　学　会　组织编写

人民交通出版社股份有限公司
China Communications Press Co.,Ltd.

内 容 提 要

本书为“内蒙古自治区高等级公路建设施工标准化指南系列”第七分册交通安全设施，编制目的是规范内蒙古自治区高等级公路交通安全设施的使用标准，确保公路交通安全设施的施工质量，保障行车安全，减少潜在交通事故的发生。本书以现行交通安全法律法规及行业标准为依据，同时汲取了内蒙古自治区高等级公路交通安全设施施工及使用的成功经验，系统地介绍了交通标线、视线诱导标、隔离栅、防护网、防眩板、护栏、防撞栏等在材料、施工方面的要求及注意事项，同时采用条文说明的形式，对正文部分的主要内容进行了进一步解释说明，以加深理解，便于操作。

本书适用于内蒙古自治区高等级公路交通安全设施的施工及管理，可供内蒙古自治区公路工程各参建单位、参建人员使用。

图书在版编目(CIP)数据

内蒙古自治区高等级公路建设施工标准化指南. 第七分册，交通安全设施 / 内蒙古自治区交通运输厅，中国公路学会组织编写. — 北京：人民交通出版社股份有限公司，2016.1

(内蒙古自治区高等级公路建设施工标准化指南系列)

ISBN 978-7-114-12939-1

Ⅰ. ①内… Ⅱ. ①内… ②中… Ⅲ. ①等级公路—道路施工—标准化管理—内蒙古—指南②公路运输—交通运输安全—安全设备—标准化管理—内蒙古—指南 Ⅳ. ①U415.1-65

中国版本图书馆 CIP 数据核字(2016)第 075931 号

内蒙古自治区高等级公路建设施工标准化指南系列

Neimenggu Zizhiqu Gaodengji Gonglu Jianshe Shigong Biaozhunhua Zhinan Di-Qi Fence Jiaotong Anquan Sheshi

书　　名：内蒙古自治区高等级公路建设施工标准化指南　第七分册　交通安全设施
著 作 者：内蒙古自治区交通运输厅　中国公路学会
责任编辑：司昌静
出版发行：人民交通出版社股份有限公司
地　　址：(100011)北京市朝阳区安定门外外馆斜街 3 号
网　　址：http：//www. ccpress. com. cn
销售电话：(010)59757973
总 经 销：人民交通出版社股份有限公司发行部
经　　销：各地新华书店
印　　刷：北京市密东印刷有限公司
开　　本：880×1230　1/16
印　　张：3. 25
字　　数：63 千
版　　次：2016 年 1 月　第 1 版
印　　次：2016 年 1 月　第 1 次印刷
书　　号：ISBN 978-7-114-12939-1
定　　价：16. 00 元

本册编写人员

主　　编： 王　骁

副 主 编： 孙雪伟　李星亮　张志祥

参编人员： 陈李峰　曾庆伟　韩　磊　陈德智
杨　响　姜云花　白　卿　傅燕峰
蒋本华　康新胜　刘　强　关永胜
张宏宇　卢泽红　张万磊　吕　浩
郎卫军　周　凯　王　娜　陈梦越

前　言

“十二五”期间,内蒙古自治区高等级公路建设事业取得了长足发展,“十三五”期间高等级公路建设任务依然十分繁重。为进一步规范公路建设项目施工管理,提高工程管理和技术水平,确保工程质量和施工安全,提升行业文明形象,同时响应交通运输部《关于开展高速公路施工标准化活动的通知》(交公路发〔2011〕70 号)要求,并结合 2011 年推行的《内蒙古自治区高速和一级公路施工标准化管理指南(试行)》及内蒙古自治区高等级公路施工的实际情况,内蒙古自治区交通运输厅组织编写了《内蒙古自治区高等级公路建设施工标准化指南》(以下简称《指南》)。《指南》共十一分册,分别为:工地建设、工地试验室、路基工程、路面工程、桥梁工程、隧道工程、交通安全设施、房建工程、安全生产、环保、管理。

本《指南》主要依据国家、工程建设标准化协会、交通运输部及内蒙古自治区交通运输厅等工程建设主管部门发布的与公路工程建设相关的文件、标准、规范、规程、指南和行业内采取的成熟、先进的施工工艺及管理办法,以及内蒙古自治区高等级公路施工管理中的特点和先进经验编写而成。

本《指南》未提及的,请参照现行相关的标准、规范、规程、规定执行。

本分册为《指南》第七分册交通安全设施,汲取了内蒙古自治区高等级公路施工管理中的成功经验,同时借鉴了其他省区高等级公路工程管理的科学方法。本分册共有九章内容,包括:总则,术语,施工准备,交通标线,视线诱导标,隔离栅、防护网、防眩板,护栏、防撞栏,其他设施、交通安全设施施工质量通病及防治措施。本分册由内蒙古自治区交通运输厅、中国公路学会主编。由于编制时间和编制水平所限,书中如有不妥甚至错误之处,请广大读者不吝指正。

本《指南》可供内蒙古自治区公路工程各参建单位、参建人员使用。各盟市对其中有关的具体指标可根据实际情况进一步细化和强化要求,对未尽事宜应予以补充完善。各有关单位和从业人员在使用本分册时,如发现问题或提出改进意见,请函告内蒙古自治区交通运输厅(地址:呼和浩特市地质南街 68 号,邮编:010010,联系电话:0471-6968635,电子邮箱:bgs@ nmjt.gov.cn)或中国公路学会咨询部(地址:北京市朝阳区和平街 11 区 37 号楼,邮编:100013,联系电话:010-64958372,电子邮箱:sxw@ sinoroad.com)。

内蒙古自治区交通运输厅

2015 年 11 月

目　　录

1 总则

1.1 目的和适用范围

为提高公路交通安全设施的使用效果，确保公路交通安全设施的施工质量，制定本指南。本指南适用于新建和改(扩)建公路。

1.2 编制依据

(1)JTG F71—2006《公路交通安全设施施工技术规范》；
(2)JTG D81—2006《公路交通安全设施设计规范》；
(3)JTG F80/1—2004《公路工程质量检验评定标准 第一册 土建工程》；
(4)GB 5768—2009《道路交通标志和标线》；
(5)GB/T 23827—2009《道路交通标志板及支撑件》；
(6)GB/T 18833—2012《道路交通反光膜》；
(7)JT/T 280—2004《路面标线涂料》；
(8)GB/T 24722—2009《路面标线用玻璃珠》；
(9)JT/T 281—2007《公路波形梁钢护栏》；
(10)JT/T 457—2007《公路三波形梁钢护栏》；
(11)GB/T 24970—2010《轮廓标》；
(12)GB/T 24718—2009《防眩板》；
(13)GB/T 26941—2011《隔离栅》；
(14)JTG/T F50—2011《公路桥涵施工技术规范》；
(15)经验总结、文献等。

1.3 主要内容

包括标线、视线诱导标、隔离栏、防护网、防眩板、护栏、防撞栏以及其他特殊交通安全设施(如避险车道)等施工工序工艺、要点、安全和质量控制的具体要求。

2　术语

2.1　交通标线 traffic line markings

由各种路面标线、箭头、文字、立面标记、突起路标和道路边线轮廓标等构成的交通安全设施。它可以与道路交通标志配合使用,也可单独使用。

2.2　护栏 barrier

一种纵向吸能结构,通过自体变形或车辆爬高来吸收碰撞能量,从而改变车辆行驶方向、阻止车辆越出路外或进入对向车道、最大限度地减少对乘员的伤害。

2.3　隔离栅 separation fence

用于公路、铁路、飞机场、住宅小区、港口码头、花园、饲养、畜牧等的护栏防护。

2.4　防眩板 antiglare shield

是高速公路上为解决对向车灯眩光,安装在中央分隔带上的一种交通安全产品。

3 施工准备

3.1 一般规定

公路交通安全设施施工前应熟悉研究设计文件、领会设计意图,且宜由设计单位进行设计交底。

3.2 技术准备

(1)应在对施工现场进行全面调查和核对后,根据设计要求、合同条件及现场情况等,编制实施性施工组织设计。施工组织设计宜包括以下内容:编制说明、施工组织机构、施工平面布置图、施工方法、资源计划、总进度计划和进度图、质量管理、安全生产、环境保护。

(2)施工前应建立健全质量保证体系和质量管理体系,明确质量方针、质量目标和质量责任;同时应建立质量管理机构、质量检测体系及流程,制订质量管理制度,提出质量保证措施,对工程的施工实施质量控制。

(3)施工前应建立健全安全生产管理体系,落实安全责任,提出安全技术组织措施。对施工中可能存在的各种潜在风险应进行分析、评估,提出防范对策,制订必要的突发事件应急预案,使施工的全过程能安全地进行。

(4)施工前应建立健全环保管理体系,制订保护环境、节能减排和文明施工的实施方案,减少工程施工过程中对环境的污染。

3.3 人员组织

施工人员的配备应满足工程施工的需要,并应在进场时对其进行岗前培训和技术、安全交底。

3.4 材料和设备

(1)所有施工原材料应具有产品合格证书,护栏应具有实车碰撞试验报告,并应进行抽样检查。

(2)所有施工原材料应根据不同的品种、规格及用途分别妥善存放,对容易受潮、锈蚀的材料应有防雨、防潮或防锈的措施。

(3)应根据工程施工的需要,配备足够的机械设备和生产工具,且应在施工前对施工机具进行安装调试。

4　交通标线

4.1　一般规定

(1)新铺沥青混凝土路面的交通标线施工,可在路面施工完成一周后开始;新建水泥混凝土路面的交通标线施工,应在混凝土养护膜老化起皮并清除后开始。

(2)雨、雪、沙尘暴、强风、气温低于规定温度的天气,应暂停施工。

(3)改扩建中对原有交通标线的使用及拆除应依照下列原则:

①路面重新铺筑或罩面,或交通流向发生变化时,应按照标准规范重新施划或设置;

②改扩建时没有重新铺筑路面或罩面,且交通流方向没有发生变化时,原有交通标线等设施使用期限在2年以内,且不影响使用效果的可继续使用。

(4)旧交通标线清除时,应不破坏路面、不降低路面高程。

(5)路面标线施工过程中,应加强安全管理,维护标线涂料的正常养护周期。

4.2　材料要求

除设计文件另行规定外,路面标线涂料的性能、质量应符合现行《路面标线涂料》(JT/T 280—2004)和《道路交通标线质量要求和检测方法》(GB/T 16311—2009)的规定。

4.3　施工流程及施工要点

(1)路面应清洁干燥,不得存在松散颗粒、灰尘、沥青渣、油污或其他有害材料。

(2)应根据道路横断面的具体尺寸和设计文件的要求确定标线位置、标线宽度、实线段长度,在路面上划出线形、文字、图案,标线应与线形一致,流畅美观。

(3)应按设计文件的要求留出排水孔。

(4)正式施划前应进行试划,以检验划线车的行驶速度、宽度、标线厚度、玻璃珠撒布量等能否满足要求,调试合格后才能开始正式施工。

(5)对施工中存在的缺陷,应及时修正。

(6)成型标线带和防滑彩色路面标线的施工应符合产品使用说明书的规定。

(7)改扩建工程标线施工可分为两个阶段进行,第一阶段在全幅路面未施工完成前,对已开放的路段先施划冷喷漆标线;第二阶段在全幅路面施工完成后,在冷喷漆标线上施划热熔标线。热熔标线施工时,应考虑排水的要求。

5 视线诱导标

5.1 一般规定

(1)视线诱导设施应在具备安装条件时施工。

(2)在施工安装前,应对视线诱导设施的设置条件、设置位置和数量等进行核对。

(3)轮廓标的横向设置位置和高度宜保持一致,当不一致时应进行渐变处理。

5.2 材料要求

(1)除设计文件另行规定外,轮廓标所用材料应符合现行《轮廓标》(GB/T 24970—2010)的规定。混凝土基础所用的钢筋、水泥、细骨料、粗骨料、拌和用水、外加剂等材料,应符合现行《公路桥涵施工技术规范》(JTG/T F50—2011)的规定。

(2)所有钢构件均应进行防腐处理。除设计文件另行规定外,防腐处理均应满足现行《公路交通工程钢构件防腐技术条件》(GB/T 18226—2015)的规定。螺栓、螺母等紧固件和连接件在防腐处理后,必须清理螺纹或进行离心分离处理。

(3)太阳能轮廓标或光电轮廓标的工作寿命应大于5年,工作条件应满足设置地点的环境条件要求。

(4)除轮廓标以外的其他视线诱导设施的材料应满足设计文件和相应标准规范的规定。

5.3 施工流程及施工要点

5.3.1 柱式轮廓标的施工

(1)柱式轮廓标应按设计文件的规定量距定位。

(2)混凝土基础可采用现浇或预制的方法施工,并应符合现行《公路桥涵施工技术规范》(JTG/T F50—2011)的规定,预制时应按设计文件的规定预埋连接件。

(3)柱式轮廓标安装时,柱体应垂直于水平面,三角形柱体的顶角平分线应垂直于公路中心线,柱体与混凝土基础之间可用螺栓连接。

(4)太阳能轮廓标、光电轮廓标的施工不应影响轮廓标的性能。

5.3.2 附着式轮廓标的施工

(1)附着于梁柱式护栏上的轮廓标可按立柱间距定位,附着于混凝土护栏和隧道侧墙上的轮廓标应量距定位。

(2)附着式轮廓标应按照放样确定的位置进行安装。反射器的安装角度应符合设计文件的规定。安装高度宜尽量统一,并应连接牢固。

5.3.3　其他视线诱导设施的施工

(1)合流诱导标、线形诱导标的施工同交通标志。

(2)隧道轮廓带可通过预埋件或后固定的方式附着在隧道侧壁上。

6　隔离栅、防护网、防眩板

6.1　隔离栅

6.1.1　一般规定

(1)隔离栅所在位置应进行场地清理,软基应进行处理。

(2)在施工安装前,应对隔离栅的设置条件、设置位置和数量等进行核对。

6.1.2　材料要求

(1)除设计文件另行规定外,隔离栅所用的金属材料应符合现行《隔离栅》(GB/T 26941—2011)的规定,混凝土立柱和基础的钢筋、水泥、细集料、粗集料、拌和用水、外加剂等材料应符合现行《公路桥涵施工技术规范》(JTG/T F50—2011)的规定。

(2)所有钢构件均应进行防腐处理,应采用热浸镀锌、锌铝合金涂层、浸塑以及双涂层等处理方法。除设计文件另行规定外,防腐处理均应满足现行《隔离栅》(GB/T 26941—2011)的规定。螺栓、螺母等紧固件和连接件在防腐处理后,必须清理螺纹或进行离心分离处理。

6.1.3　施工流程及施工要点

(1)应根据设计文件中规定的隔离栅设置位置和实际地形、地物条件确定控制立柱的位置和立柱中心线,在控制立柱之间按设计文件规定的柱距定出柱位。

(2)每个柱位均应按设计文件的要求确定高程,并应按实际地形进行调整。

(3)应根据设计文件的规定开挖基坑。

(4)立柱应根据设计文件的规定设置在现浇混凝土基础或预制混凝土基础内。立柱的埋设应分段进行。可先埋设两端的立柱,然后拉线埋设中间立柱,控制立柱与中间立柱的平面投影应在一条直线上,柱顶应平顺。预制混凝土立柱和基础在运输及装卸时应避免折断或损坏边角。

(5)混凝土基础强度达到设计强度的70%以上时,可按下列规定安装隔离栅网片:

①安装无框架卷网时,应从端头立柱开始,沿纵向展开,边铺设应边拉紧,挂钩时网片不得变形。

②安装有框架的片网时,网面应平整,框架应整体平顺、美观,框架与立柱应连接牢固。

③安装刺钢丝同时,应从端头立柱开始。刺钢丝之间应平行、平直,绷紧后应与立柱上的铁钩牢固绑扎,横向与斜向刺钢丝相交处也应绑扎牢固。

(6)隔离栅网片安装完毕后,应对基础周围进行夯实处理。

(7)在桥梁、通道、车行和人行涵洞处进行围封时,要保证隔离栅的封闭严密。

(8)隔离栅的活动门应保证强度,不宜变形。

6.2　防落网

6.2.1　一般规定

(1)防落网应在具备安装条件时施工。

(2)在施工安装前,应对防落网的设置条件、设置位置和数量等进行核对。

(3)设置防落石网前,应保证路边坡的土体、岩石稳定和安全。

6.2.2　材料要求

(1)除设计文件另行规定外,防落网所用的金属材料应符合现行《隔离栅》(GB/T 26941—2011)的规定,混凝土立柱和基础的钢筋、水泥、细集料、粗集料、拌和用水、外加剂等材料应符合现行《公路桥涵施工技术规范》(JTG/T F50—2011)的规定。

(2)所有钢构件均应进行防腐处理。除设计文件另行规定外,防腐处理均应满足现行《公路交通工程钢构件防腐技术条件》(GB/T 18226—2015)的规定。螺栓、螺母等紧固件和连接件在防腐处理后,必须清理螺纹或进行离心分离处理。

6.2.3　施工流程及施工要点

1)防落物网

(1)防落物网应以上跨桥梁与公路、铁路等设施的交叉点为控制点,向两侧对称进行施工。当上跨桥梁为斜交时,防落物网的长度应根据设计文件的要求作相应调整。

(2)应根据立柱预埋基础的位置安装立柱。未设置预埋件时,应采取后固定的施工工艺设置立柱。

(3)防落物网的网片应牢固地安装在立柱上,网片应平整、绷紧。

(4)应根据设计文件的规定对防落物网做防雷接地处理。

2)防落石网

(1)防落石网采用锚杆方式固定于土体或岩石,锚杆的强度应符合设计文件的规定。

(2)环形网和钢丝绳网与土体或岩体间相接处应紧密,以避免石块通过缝隙落入高速公路行车道。

6.3　防眩板

6.3.1　一般规定

(1)桥梁段或混凝土护栏上设置防眩板、防眩网时,应对预埋件的设置位置、强度和腐蚀程度进行检查,不符合要求的应整改。

(2)植树防眩应符合设计文件和有关规范的规定。

6.3.2 材料要求

(1)除设计文件另行规定外,防眩板所用材料应符合现行《防眩板》(GB/T 24718—2009)的规定。独立设置的混凝土基础所用的钢筋、水泥、细集料、粗集料、拌和用水、外加剂等材料,应符合现行《公路桥涵施工技术规范》(JTG/T F50—2011)的规定。

(2)所有钢构件均应进行防腐处理。除设计文件另行规定外,防腐处理均应满足现行《公路交通工程钢构件防腐技术条件》(GB/T 18226—2015)的规定。螺栓、螺母等紧固件和连接件在防腐处理后,必须清理螺纹或进行离心分离处理。

6.3.3 施工流程及施工要点

1)设置于混凝土护栏上的防眩板或防眩网的安装

(1)防眩板或防眩网可通过混凝土护栏顶部的预埋件及连接件安装在混凝土护栏上。未设置预埋件时,可采取后固定的施工工艺安装。

(2)混凝土护栏强度低于设计强度的70%时,不得安装防眩板或防眩网。

(3)防眩板或防眩网下缘与混凝土护栏顶部的间距应符合设计文件的规定。

(4)防眩板或防眩网安装后,不得削弱混凝土护栏的原有功能。

(5)安装防眩板时应挂线、戴手套,以保证顶面平整、平齐及清洁。

2)设置于波形梁护栏上的防眩板或防眩网的安装

(1)防眩板或防眩网可通过连接件安装在波形梁护栏上。

(2)防眩板或防眩网安装在波形梁护栏上时,不得削弱波形梁护栏的原有功能。

(3)防眩板或防眩网下缘与波形梁护栏顶面的间距应符合设计文件的规定。

(4)施工过程中不应损伤波形梁护栏的防腐层,否则应在24h之内予以修补。

3)独立设置立柱的防眩板或防眩网的安装

(1)施工前,应清理场地,协调与其他设施的关系。

(2)防眩板或防眩网单独设置立柱时,可根据所在位置将立柱埋入土中、设置混凝土基础或固定于桥梁、通道、明涵等构造物上。设置混凝土基础时,其强度应达到设计强度的70%以上时,才能在立柱上安装防眩板或防眩网。

(3)立柱施工时,不得破坏地下管线和排水设施。

7　护栏、防撞栏

7.1　一般规定

(1)缆索护栏、波形梁护栏的路基土压实度和混凝土护栏的地基承载力应符合设计文件的规定。路基压实度或地基承载力达不到设计文件的规定,应采取逐层填土夯实措施增加路基压实度或地基承载力,或者变更护栏设计。

(2)桥梁护栏应在桥梁车行道板、人行道板施工完毕,跨中支架及脚手架拆除后桥跨处于独立支撑的状态时才能施工。

(3)对于焊接的金属护栏,在进行防腐处理前应对所有外露焊缝做好磨光或补满的清洗工作。

(4)桥梁护栏施工前应对所有预埋件的设置位置、强度、腐蚀程度进行检查,不符合要求的必须整改。

(5)所有钢构件均应进行防腐处理。除本规范和设计文件另行规定外,防腐处理均应满足现行《公路交通工程钢构件防腐技术条件》(GB/T 18226—2015)的规定。螺栓、螺母等紧固件和连接件在防腐处理后,必须清理螺纹或进行离心分离处理。

(6)中央分隔带开口护栏的端头基础和预埋基础应在面层施工前完成,其余部分应在路面施工后安装。中央分隔带开口护栏应在工厂加工制作。

(7)护栏端头与相邻护栏的连接应具备足够的强度。

(8)防撞垫从路面到防撞垫顶面的高度宜为 80 ~110cm。

(9)防撞垫下部的导轨结构应与路面基础连接牢固。

(10)防撞垫末端的支撑结构可直接和路面基础相连接。在保证结构强度的前提下,也可和防撞垫后部的护栏端部或其他固定障碍物相连接。

7.2　材料要求

7.2.1　缆索护栏

除设计文件另行规定外,路侧及中央分隔带缆索护栏所用的各种材料的规格、材质均应符合现行《缆索护栏》(JT/T 895—2014)、《公路护栏用镀锌钢丝绳》(GB/T 25833—2010)及《钢结构用高强度大六角头螺栓、大六角螺母、垫圈技术条件》(GB/T 1231—2006)等标准、规范的要求,其中壁厚为防腐处理前的厚度。

7.2.2 波形梁护栏

除设计文件另行规定外，路侧及中央分隔带波形梁护栏所用的各种材料的规格、材质均应符合现行《波形梁钢护栏 第1部分：两波形梁钢护栏》（GB/T 31439.1—2015）、《波形梁钢护栏 第2部分：三波形梁钢护栏》（GB/T 31439.2—2015）及《结构用冷弯空心型钢尺寸、外形、重量及允许偏差》（JTG/T 6728—2002）等标准、规范的要求，其中板厚为防腐处理前的厚度。

7.2.3 混凝土护栏

（1）配制混凝土所用的水、细集料、粗集料、拌和用水、外加剂以及钢筋等材料，应符合现行《公路桥涵施工技术规范》（JTG/T F50—2011）的规定。

（2）除设计文件另行规定外，钢管桩应符合现行《碳素结构钢》（GB/T 700—2006）中Q235钢的性能要求。

7.2.4 桥梁护栏

除设计文件另行规定外，桥梁护栏用各种材料应符合下列规定：

（1）钢材应符合现行《碳素结构钢》（GB/T 700—2006）的规定。

（2）铝合金材料应符合现行《一般工业用铝及铝合金挤压型材》（GB/T 6892—2015）、《铝及铝合金拉（轧）制无缝管》（GB/T 6893—2010）、《一般工业用铝及铝合金板、带材 第1部分：一般要求》（GB/T 3880.1—2012）、《一般工业用铝及铝合金板、带材 第2部分：力学性能》（GB/T 3880.2—2012）、《一般工业用铝及铝合金板、带材 第3部分：尺寸偏差》（GB/T 3880.3—2012）等的规定。

（3）配制混凝土所用的水泥、细集料、粗集料、拌和用水、外加剂以及钢筋等材料，应符合现行《公路桥涵施工技术规范》（JTG/T F50—2011）的规定。

（4）拼接螺栓应采用高强螺栓，并符合现行《钢结构用高强度大六角头螺栓、大六角螺母、垫圈技术条件》（GB/T 1231—2006）的有关规定。连接螺栓宜选用普通螺栓，并符合现行《六角头螺栓》（GB/T 5782—2000）、《I型六角螺母》（GB/T 6170—2015）和《平垫圈 A级》（GB/T 97.1—2002）等的规定。

7.3 施工流程及施工要点

7.3.1 缆索护栏

1）放样

（1）应根据现场桥梁、涵洞、通道、路线交叉、隧道等的分布确定控制立柱的位置，并测定控制立柱之间的间距，据此调整端部立柱、中间端部立柱、中间立柱的设置位置。

（2）应调查立柱下是否存在地下管线、构造物等设施并进行适当处理。

2）端部立柱和中间端部立柱的设置

（1）应根据设计文件的要求，将立柱、斜撑及底板焊接成牢固的三角形支架。

（2）应根据最终确定的立柱位置开挖基坑、浇筑混凝土基础，到达规定高程时，应对三角形支架进行准确定位。基坑开挖、地基检验、地基处理及混凝土的浇筑应符合现行《公路桥涵施工技术规范》（JTG/T F50—2011）的规定。

（3）位于桥梁、涵洞、通道、挡土墙等构造物的端部立柱和中间端部立柱，应根据设计文件的要求进行基础预埋。

3）中间立柱的设置

（1）中间立柱应定位准确、纵向和横向位置与公路线形一致。

（2）位于土基中的中间立柱，可采用挖埋法、钻孔法或打入法施工。立柱高程应符合设计要求，并不得损坏立柱端部。

（3）位于混凝土基础中的中间立柱，可设置在预埋的套筒内，通过灌注砂浆或混凝土固定，或通过地脚螺栓与桥梁护轮带基础相连。

4）托架安装

中间立柱或中间端部立柱上的托架，应按设计文件规定的托架编号和组合正确安装。

5）架设缆索

（1）缆索应在端部立柱和中间端部立柱的混凝土基础达到设计强度的80%以上时架设。

（2）缆索应支放在立柱的内侧，通过中间支架向另一端滚放。严禁在路面上长距离拖拽缆索。

（3）可用楔子固定或注入合金的方法将一端的缆索锚固在索端锚具上。

（4）应在另一端部立柱或中间端部立柱上设置倒链滑车或杠杆式倒链张紧器将缆索临时拉紧，其他构造或等级的缆索护栏初拉力应符合设计文件的规定。

（5）应根据索端锚具的规格，切断多余的缆索，缆索切断面应垂直整齐，不得松散，可按本款第（3）项规定的方法锚固在索端锚头上。

（6）索端锚具安装到端部立柱或者中间端部立柱后，可卸除临时张拉力。

（7）缆索应按从上向下的顺序加设。

（8）缆索调整完毕后，应拧紧各中间立柱、中间端部立柱托架上的夹扣螺栓。端部立柱调节螺杆行车方向外露部分不宜过长，并应进行适当的安全防护处理。

7.3.2　波形梁护栏

1）立柱放样

（1）应根据设计文件进行立柱放样，包括过渡段及渐变段的护栏立柱，并以桥梁、通道、涵洞、隧道、中央分隔带开口、互通式立体交叉等为控制立柱的位置，进行测距定位。

（2）立柱放样时可利用调节板调节间距，并利用分配方法处理间距零头数。

（3）应调查立柱所在处是否存在地下管线、排水管等设施，或构造物顶部埋土深度不足的情况。

2）立柱安装

（1）立柱安装应与设计文件相符，并与公路线形相协调。

(2)位于土基中的立柱,可采用打入法、挖埋法或钻孔法施工。立柱高程应符合设计要求,并不得损坏立柱端部。

①采用打入法打入过深时,不得将立柱部分拔出加以矫正,必须将其全部拔出,将基础压实后再重新打入。立柱无法打入到要求深度时,严禁将立柱的地面以上部分焊割、钻孔,不得使用锯短的立柱,可采用挖埋法和钻孔法安装立柱。

②采用挖埋法施工时 ,回填土应采用良好的材料并分层夯实,回填土的压实度不应小于设计规定值。填石路基中的柱坑,应用粒料回填并夯实。

③采用钻孔法施工时,立柱定位后应用与路基相同的材料回填,并分层夯填密实。

(3)在铺有路面的路段设置立柱时,柱坑从路基至面层以下 5cm 处应采用与路基层间的材料回填并分层夯实,余下部分应采用与路面相同的材料回填并压实。

(4)位于石方区的立柱,应根据设计文件的要求设置混凝土基础。

(5)位于小桥、通道、明涵等混凝土基础中的立柱,可设置在预埋的套筒内,通过灌注砂浆或混凝土固定,或通过地脚螺栓与桥梁护轮带基础相连。

(6)立柱安装就位后,其水平方向和竖直方向应形成平顺的线形。

(7)护栏渐变段、过渡段及端部的立柱,应按设计规定的坐标进行安装。

3)防阻块、托架、横隔梁安装

(1)防阻块、托架应通过连接螺栓固定于护栏板和立柱之间,在拧紧连接螺栓前应调整防阻块、托架使其准确就位。防撞等级为 SA、SS 和 HB 的路侧波形梁护栏以及防撞等级为 SAm、SSm 和 HBm 的分设型波形梁护栏在安装防阻块时,应同时安装上层立柱,线形应与下层立柱相同。

(2)设有横隔梁的中央分隔带护栏,应在立柱准确定位后安装横隔梁。在护栏板安装前,横梁与立柱间的连接螺栓不应过早拧紧。

4)横梁安装

(1)护栏板应通过拼接螺栓相互连接成纵向横梁,并由连接螺栓固定于防阻块、托架或横隔梁上。护栏板拼接方向应与行车方向一致,拼接螺栓必须采用高强螺栓。

(2)波形梁护栏与上层横梁和上层立柱通过螺栓连接。

(3)立柱间距不规则时,可利用调节板、梁进行调节,不得采用现场切割护栏板的方法。

(4)所有的连接螺栓及拼接螺栓应在护栏的线形达到规定要求时才能拧紧。

5)端头安装

各类护栏端头应通过拼接螺栓与护栏板牢固连接,拼接螺栓必须采用高强螺栓。波形梁护栏上横梁必须按设计文件的规定进行端部处理。

7.3.3 混凝土护栏

混凝土护栏的施工除应符合现行《公路桥涵施工技术规范》(JTG/T F50—2011)的规定外,还应满足下列要求:

(1)应根据现场条件确定并核对混凝土护栏的设置位置,确定控制点,检测基础承载力达到本规范或设计文件的要求。

(2)现场浇筑混凝土护栏：

①采用固定模板法施工时，模板宜采用钢模板，钢模板的厚度不应小于4mm。

②浇筑混凝土前，应按设计文件的要求绑扎钢筋及预埋件。钢模板涂脱模剂后，可浇筑混凝土。

③混凝土浇筑前的温度应维持在10~32℃。

④采用滑动模板法施工时，滑模机的施工速度应根据旋转搅拌车、混凝土卸载速度以及成型断面的大小决定，可采用0.5~0.7m/min。混凝土振捣由设置在滑模机上的液压振捣器完成，振捣器应能根据混凝土的坍落度无级调速，一边振捣一边前进。振捣器的数量可根据混凝土护栏断面形状，配置5根左右。

⑤两处伸缩缝之间的混凝土护栏必须一次浇筑完成，伸缩缝应与水平面垂直，宽度应符合设计文件的规定，伸缩缝内不得连浆。

⑥混凝土初凝后，严禁振动模板，预埋钢筋不得承受外力。

⑦应根据气温和混凝土强度确定拆模时间，一般可在混凝土终凝后3~5d拆除混凝土护栏侧模。拆模时不应损坏混凝土护栏的边角，并应保持模板的完好状况。

⑧夹缝可在混凝土护栏拆除模板后，按设计文件要求的间距和规格采用切割机切开，并应保证断面光滑、平整。

⑨路肩墙上混凝土护栏应采用现场浇筑，按设计文件要求，应将基础和护栏整体浇筑。

(3)预制混凝土护栏：

①预制混凝土护栏的施工场地应平整、坚实、排水良好、交通方便。

②应采用钢模板，模板长度应根据吊装和运输条件确定，宜采用固定的规格。

③每块预制混凝土护栏必须一次浇筑完成。

④拆模时间应根据气温和混凝土达到的强度而定，拆模时混凝土强度不应低于设计强度的70%。拆模时不得损坏混凝土护栏的边角，并应保持模板完好。

⑤在起吊、运输和堆放过程中，不得损坏混凝土护栏构件的边角，否则在安装就位后，应采用高于混凝土护栏强度的材料及时修补。

⑥混凝土护栏的安装应从一端逐步向前推进，护栏的线形应与公路的平、纵线形相协调。

⑦中央分隔带混凝土护栏超高路段，应按设计文件要求处理好排水问题。

7.3.4　桥梁护栏

1)预埋件设置与立柱放样

(1)应以桥梁伸缩缝附近的端部立柱作为控制立柱，并在控制立柱之间测距定位。

(2)立柱间距出现零数时，可用分配的办法使其符合横梁规定的尺寸，立柱宜等距设置。

(3)在车行道板或人行道板上应准确地设置套筒或地脚螺栓等预埋件，并采取适当措施，使预埋件在桥梁施工期间免遭损坏。

2)护栏安装

（1）横梁和立柱的安装位置应准确。连接螺栓和拼接螺栓开始时不宜过早拧紧，以便在安装过程中充分利用横梁和立柱法兰盘的长圆孔进行调整，使其线形顺适，不应出现局部的凹凸现象。调整完毕后，必须拧紧螺栓。

（2）横梁、立柱等构件在安装过程中应避免损坏防腐层。安装完成后，应对被损坏的防腐层按规定的方法进行修复。

8　其他设施

8.1　防风栅与防雪栅

8.1.1　一般规定

(1)防雪栅和防风栅安装位置应进行场地清理,软基应进行处理。

(2)桥梁和构造物上的防风栅施工前应对所有预埋件的设置位置、强度、腐蚀程度进行检查,不符合要求的应整改。

(3)防风栅和防雪栅施工过程中不得侵入公路建筑限界以内。

8.1.2　材料要求

(1)除设计文件另行规定外,防风栅和防雪栅所用的金属材料应符合现行《碳素结构钢》(GB/T 700—2006)、《结构用无缝钢管》(GB/T 8162—2008)、《直缝电焊钢管》(GB/T 13793—2008)、《热轧 H 型钢和剖分 T 型钢》(GB/T 11263—2010)等的规定。

(2)混凝土立柱和基础所用的钢筋、水泥、细集料、粗集料、拌和用水、外加剂等材料应符合现行《公路桥涵施工技术规范》(JTG/T F50—2011)的规定。

(3)所有钢构件均应进行防腐处理。除设计文件另行规定外,防腐处理均应满足现行《公路交通工程钢构件防腐技术条件》(GB/T 18226—2015)的规定。所有木制材料均应进行防腐处理,防腐处理应满足《防腐木材》(GB/T 22102—2008)的规定。螺栓、螺母等紧固件和连接件在防腐处理后,必须清理螺纹或进行离心分离处理。

8.1.3　施工流程及施工要点

(1)应根据设计文件中规定的防雪栅和防风栅设置位置和实际地形、地物条件确定控制立柱的位置和立柱中心线,在控制立柱之间按设计文件规定的柱距定出柱位。

(2)每个柱位均应按设计文件的要求确定高程,并应按实际地形进行调整。

(3)应根据设计文件的规定开挖基坑。

(4)立柱应根据设计文件的规定设置在现浇混凝土基础或预制混凝土基础内。立柱的埋设应分段进行。可先埋设两端的立柱,然后拉线埋设中间立柱,控制立柱与中间立柱的平面投影应在一条直线上,柱顶应平顺。预制混凝土立柱和基础在运输及装卸时应避免折断或损坏边角。

(5)混凝土基础强度达到设计强度的 70%以上时,方可安装防风栅和防雪栅横梁。

（6）横梁应整体平顺、美观，横梁与立柱应连接牢固。

8.2 积雪标杆

8.2.1 一般规定

（1）积雪标杆应在具备安装条件时施工。

（2）在施工安装前，应对积雪标杆的埋设条件、位置、数量进行核对。

8.2.2 材料要求

积雪标杆的材质和颜色应满足设计文件要求。反光膜应满足现行《道路交通反光膜》（GB/T 18833—2012）的要求。

8.2.3 施工流程及施工要点

（1）积雪标杆应按设计文件的规定量距定位。

（2）混凝土基础可采用现浇或预制的方法施工，并应符合现行《公路桥涵施工技术规范》（JTG/T F50—2011）的规定，预制时应按设计文件的规定预埋连接件。

（3）积雪标杆安装时，标杆应垂直于水平面。

8.3 黄闪灯

8.3.1 一般规定

（1）黄闪灯应在具备安装条件时施工。

（2）在施工安装前，应对黄闪灯积雪标杆的设置位置进行核对。

8.3.2 材料要求

（1）太阳能黄闪灯技术规格应满足现行《太阳能黄闪信号灯》（GA/T 743—2007）的有关要求。

（2）立柱、横梁等钢构件，应符合现行《碳素结构钢》（GB/T 700—2006）、《结构用无缝钢管》（GB/T 8162—2008）、《直缝电焊钢管》（GB/T 13793—2008）、《热轧 H 型钢和部分 T 型钢》（GB/T 11263—2010）等的规定。

（3）基础所用的钢筋、水泥、细集料、粗集料、拌和用水、外加剂等材料，应符合现行《公路桥涵施工技术规范》（JTG/T F50—2011）的要求。

（4）法兰盘、加劲肋、连接螺栓、地脚螺栓等所用材料应符合设计文件的要求。

（5）所有钢构件均应进行防腐处理。除设计文件另行规定外，防腐处理均应满足现行《公路交通工程钢构件防腐技术条件》（GB/T 18226—2015）的规定。螺栓、螺母等紧固件和连接件在防腐处理后，必须清理螺纹或进行离心分离处理。

8.3.3　施工流程及施工要点

(1)黄闪灯应按设计文件的规定定位。

(2)混凝土基础可采用现浇或预制的方法施工,并应符合现行《公路桥涵施工技术规范》(JTG/T F50—2011)的规定,预制时应按设计文件的规定预埋连接件。

(3)立柱必须在基础混凝土强度达到设计强度的80%以上时才能安装。

(4)悬臂结构吊装横梁时,应使预拱度达到设计文件的要求。

(5)黄闪灯安装到位后,应根据地理位置调整太阳能板角度。

8.4　桥梁限高门架

8.4.1　一般规定

(1)桥梁限高门架应在具备安装条件时施工。

(2)在施工安装前,应对黄闪灯积雪标杆的设置位置进行核对。

8.4.2　材料要求

(1)门架立柱、横梁用钢管、H型钢、角钢及槽钢等钢构件,应符合现行《碳素结构钢》(GB/T 700—2006)、《结构用无缝钢管》(GB/T 8162—2008)、《直缝电焊钢管》(GB/T 13793—2008)、《热轧H型钢和部分T型钢》(GB/T 11263—2010)等的规定。

(2)门架基础所用的钢筋、水泥、细集料、粗集料、拌和用水、外加剂等材料,应符合现行《公路桥涵施工技术规范》(JTG/T F50—2011)的要求。

(3)法兰盘、加劲肋、连接螺栓、地脚螺栓等所用材料应符合设计文件的要求。

(4)所有钢构件均应进行防腐处理。除设计文件另行规定外,防腐处理均应满足现行《公路交通工程钢构件防腐技术条件》(GB/T 18226—2015)的规定。螺栓、螺母等紧固件和连接件在防腐处理后,必须清理螺纹或进行离心分离处理。

8.4.3　施工流程及施工要点

(1)限高门架均应按设计文件的要求确定设置位置。

(2)门架基础的地基承载力应满足设计文件的规定。设计文件中未规定时,地基承载力不得小于150kPa。基础的施工应符合现行《公路桥涵施工技术规范》(JTG/T F50—2011)的规定,浇筑混凝土时,应注意准确设置地脚螺栓和底座法兰盘。

(3)立柱必须在基础混凝土强度达到设计强度的80%以上时才能安装。

(4)门架式吊装横梁时,应使预拱度达到设计文件的要求。

8.5 道口标柱

8.5.1 一般规定

1)道口标柱应在具备安装条件时施工。

2)在施工安装前,应对与道口标柱邻近的视线诱导、里程碑、百米桩等设施的设置位置进行协调,以避免相互干扰。

8.5.2 材料要求

(1)道口标柱采用钢管时,应符合现行《直缝电焊钢管》(GB/T 13793—2008)等的规定,并应进行防腐处理。除设计文件另行规定外,防腐处理均应满足现行《公路交通工程钢构件防腐技术条件》(GB/T 18226—2015)的规定。

(2)道口标柱采用混凝土立柱时,所用的钢筋、水泥、细集料、粗集料、拌和用水、外加剂等材料,应符合现行《公路桥涵施工技术规范》(JTG/T F50—2011)的要求。

(3)道口标柱采用的反光涂料或反光膜材料应分别符合相关产品标准的规定。

8.5.3 施工流程及施工要点

(1)道口标柱应按设计文件的要求确定设置位置。

(2)道口标柱所在位置的路基路床土压实度应符合现行《公路路基设计规范》(JTG/T D30—2015)的规定,否则应进行分层夯实处理。

8.6 避险车道

8.6.1 一般规定

(1)避险车道基床、排水系统的施工应符合现行《公路路基施工技术规范》(JTG/T F10—2006)、《公路路面基层施工技术细则》(JTG/T F20—2015)和《公路水泥混凝土路面施工技术细则》(JTG/T F30—2014)等标准的规定。

(2)避险车道设置的交通标志、标线、护栏、视线诱导等交通安全设施的施工应符合本规范的规定。

(3)运营期间增设避险车道,应在施工区加强施工安全管理工作。

8.6.2 材料要求

制动材料的规格和级配应符合设计文件的要求,其他路基、路面及交通安全设施、交通监控和照明等设施所用的材料应符合本规范和相关标准的规定。

8.6.3　施工流程及施工要点

(1)避险车道的基床施工完毕,在铺设制动材料前,应对基床表面进行清扫,基床表面不应留有杂物或其他材料。

(2)避险车道施工完毕后,再进行末端设置消能设施的安装或放置,消能桶的内容物应采用与制动床一致的铺装材料,以避免碰撞后消能设施破碎,其内容物散落污染制动材料。

(3)施工结束前,应对制动床铺装材料进行平整工作,除按设计要求做的隆起部分,表面不应有明显的突起及凹陷。

9 交通安全设施施工质量通病及防治措施

9.1 质量通病类型

(1)管理不完善;
(2)原材料、产品质量不过关;
(3)施工工艺不精细。

9.2 质量通病成因分析

9.2.1 管理类通病

(1)盲目赶工期;
(2)指定分包、指定采购;
(3)监理独立检测频率不足;
(4)施工自检体系不健全;
(5)原始资料真实性差;
(6)监理、施工人员对设计文件及规范掌握不准确。

9.2.2 材料、产品质量类通病

施工、监理单位检测技术手段相对薄弱,无法确定材料、产品的性能。

9.2.3 施工工艺类通病

合同段、工作面、工序衔接不当。

9.3 质量通病防治措施

9.3.1 管理类通病

(1)工期提前,由于某种原因影响造成有效工期减少。明确造成赶工的具体原因,划清双方责任,并根据施工单位现有人员和设备结合工程量情况,由业主、监理及承包商三方提出增加人力、设备及科技投入等可行方案。

①因建设单位原因造成的赶工,应明确由建设单位增加资金投入、赔偿损失;

②因施工单位原因造成的赶工,应明确由施工单位承担损失,并且建设单位可采取明

令施工单位加大投入或指令分包等措施确保工期，从而从根本上保证质量，减少质量隐患。

（2）禁止建设单位指定分包和指定采购。

①严禁建设单位及相关人员、监理人员向承包商推销工程构件、工程材料等物品；

②特殊材料需业主统一采购的应在招标文件中说明；

③合法的分包，不得以包代管，主包单位对工程质量及工程管理负总责，应明确主包单位现场施工质量负责人进行现场盯岗把关；劳务队伍不得现场独立进行施工，必须有承包人现场指挥生产。

（3）严禁监理在承包人的试验室内进行试验，如监理使用承包人的部分设备进行试验，必须经总监办批准，在总监办试验工程师现场监督下实施试验，并在试验成果上签字方可生效；严禁承包人与监理一起进行同一试验检查；对监理独立检测频率不足的，予以通报批评，直接责任人取消监理资格。

（4）各承包单位必须建立独立的施工自检体系，并且要有专职的质量管理检查人员负责自检体系的运转；施工自检体系制度要健全，不可以用测量、试验以及检查代替自检体系的运行，施工自检人员应有职责和权力实行质量否决，对本单位工程质量状况全面了解；监理工程师有权检查施工自检体系的建设及其运转情况，并应定期检查和不定期抽查，定期检查在每月例会前完成，例会上要通报各承包人质量自检体系的运转情况。

（5）对于存在虚假资料的分项工程一律按不合格对待；对于编造虚假资料的施工、监理人员，一经查实，一律清除出场；施工、监理所有资料，当天发生的必须当天记录清楚，不得日后填补或整理，监理有责任和权力随时检查这些资料；日期错误、代填、代签、一律按虚假资料对待。

（6）施工、监理人员掌握设计文件、规范情况，应作为质量监督部门、业主进行现场考核的主要内容，对考核成绩不良者，直接清除出场。

9.3.2　材料、产品质量类通病

施工、监理对材料的检验，要与材料厂家进场数量、批号相对应。主要材料监理要从厂家或现场取样送有资质的检测公司检测，也可选取第三方检测机构对原材料、产品、施工质量进行检测，防止假冒伪劣材料进场。

9.3.3　施工工艺类通病

规范、文明施工是各衔接部位有效、保质衔接的关键，合同段交界线清楚，责任明确，设置合同分界标志牌；工作面整洁，工序衔接层面清楚；关键部位设置主要责任牌；监理工程师应严格检查、督促承包单位的质量保证体系有效运转，强化工序交接手续的有效运行，加强衔接部位、层面的质量检查，衔接部位不合格的，后续施工的工程视为不合格工程，不予验收。

附件

《内蒙古自治区高等级公路建设施工标准化指南
第七分册　交通安全设施》

条 文 说 明

4 交通标线

4.1 一般规定

(1)新建沥青混凝土路面因沥青材料中含有未挥发的化学成分,易造成对标线的污染并有可能影响标线与路面的牢固黏结,故应使其挥发一段时间,可在路面施工完成一星期后开始施划标线。新建水泥混凝土路面在混凝土养护成型后会在混凝土表面残留灰浆皮及混凝土养护膜,易造成标线剥离,故应在混凝土养护膜老化起皮并清除后再施划标线。

(2)雨、雪等恶劣天气会影响路面与涂料之间的黏结,沙尘暴、强风会影响标线施工的作业。对热熔标线,气温低于10℃时,对常温及加热型标线,气温低于0℃时,会严重影响涂料的黏度,应暂停施工。对其他材料的标线涂料,施工时的气温也应符合相应的规定。在夜间很难看清标明标线放样的记号,因而施工精度较低,也容易发生交通事故,因此以白天施工为好。

(3)旧路面重划标线时,一定要把旧标线清除干净。老化严重或公路的标线位置功能需要重新划分时,需要对原有标线进行移除,但移除作业应不破坏路面,不降低路面高程。移除方法主要有:

①碾磨;

②高压水喷;

③喷丸清理;

④喷砂清理。

4.2 材料要求

交通标线施划于公路面层,经受日晒雨淋,风雪冰冻,遭受车辆冲击磨耗。因此,对标线涂料有很高的要求。车辆行驶时,无论是白天或黑夜都能由于光泽和色彩的反衬而清晰地识别和认清标线。无论是在沥青路面或水泥混凝土路面,涂料必须保持与路面之间的紧密结合,一定时期内,不会因为车辆和行人来往通行而剥落。标线涂料应具有优良的耐久性,能经受车轮长久的磨损,不会产生明显的裂缝。标线涂料应具有很好的防滑性能,车辆驶过标线时产生较少的噪音和振动。标线涂料的原料应容易获得,价格便宜,涂敷作业要安全、无毒、无污染。反光标线涂料应确保较好的反光性能,并在相当长的使用期间不会显著下降。保持路面标线颜色均匀一致,一定时期内不会因气候、路面材料等作用而变色。故要求路面标线涂料的性能、质量除设计文件另行规定外,应符合现行《路面标线涂料》(JT/T 280—2004)、现行《道路交通标线质量要求和检测方法》(GB/T 16311—2009)的规定。

4.3　施工流程及施工要点

标线的涂敷一般直接使用涂料原液进行，但也可以根据喷涂机械的种类和性能选择溶剂稀释，溶剂的添加量一般为5%~10%。新铺沥青混凝土路面的交通标线施工，可选用非渗水性涂料。路面应清洁干燥，不得存在松散颗粒、灰尘、沥青渣、油污或其他有害材料。

应根据道路横断面的具体尺寸和设计文件的要求确定标线位置、标线宽度、实线段长度，在路面上划出线形、文字、图案，如高速公路进出口标线、导流标线、减速标线、路面文字和箭头的线形等。标线应与线形一致，流畅美观。

路面标线尽管厚度较薄，但仍有一定的阻水作用，处理不当容易导致交通事故，因此应按设计文件的要求留出排水孔。

修整标线局部缺陷。对于标线被污染、变色、玻璃珠撒布有堆积、涂料的喷射形状不好、飞溅及其他缺陷，应及时进行修整。

由于材料的不同，各种标线的施划方法也存在很大差异。

1）常温溶剂型标线的施工

标线涂敷可以用气动喷涂机或高压无气喷涂机等设备来完成。正式划线前应在铁板上试划，以确定划线车的行驶速度、线宽、标线厚度、玻璃珠撒布量等能否满足要求。调试好后，开始正式划线。气动喷涂机械使用压缩空气将涂料微粒化，并把涂料喷涂于路面上。通常使用空气压缩机的压力罐或柱塞泵将涂料送至喷枪。由于雾化涂料形成很大的喷涂直径，其中混入了大量空气，这对加快涂膜干燥是有利的，但在控制喷涂直径上却需要较高的技巧。气功喷涂施工时需要加入较多的稀释剂才能达到流动性要求，漆膜厚度相对较薄，溶剂用量较多，因此，传统的气功喷涂已开始向高压无气喷涂转变。高压无气喷涂技术将涂料施加高压，能将黏度大的涂料送到喷枪，通过小口径喷嘴喷射出去，继而形成大喷射直径的雾锥。这样可减少溶剂的浪费，获得较厚的和均匀的涂层，使标线标准、美观。

常温型涂料的主要成分是合成树脂，次要成分是体质材和添加剂，再加着色材料、溶剂，进行充分搅拌，使其混合均匀。常温型涂料的干燥时间为5~10min，因此，需注意保护标线不让车辆碾压。标线干燥后，即可开放交通。

2）加热溶剂型标线的施工

使用加热型涂料进行路面标线施工，与常温型相比，因形成涂膜的要素多，溶剂含量较低，所以它具有更好的速干性。由于涂膜较厚，对玻璃珠的固着性也比常温型涂料好。对于高黏度涂料，由于不能原封不动地用于喷涂，因此，必须通过加热器将其加温至50℃~80℃，使涂料黏度降低才可以喷涂。为此，加热型涂料施工机具需要附加加温的装置。加热型施工系统由涂料容器、加热器、热交换器、保温装置、泵喷涂装置等组成。现在车载加热型划线车的普及使用，确立了划中心线、边缘线等道路纵向标线的合理施工方法。加热型涂料采用大型机械化施工，溶剂少，涂膜厚，干燥时间短，耐久性好。如在喷涂的同时撒玻璃珠，则能与涂膜很好固着，具有良好反光效果。正式划线前应在铁板上试划，以确定划线车的行走速度，调试线宽、标线厚度、玻璃珠撒布量。调试好后，开始正式划线。

加热型涂料的主要成分是合成树脂，次要成分是体质材和添加剂、着色材料。溶剂含量占20%~30%。溶剂的作用是稀释涂料，使涂料具有一定的流动性，改善涂料的操作性能。加热型涂料约10min后不黏附轮胎，可以开放交通。

3）热熔型标线的施工

为了提高路面与涂膜的黏结力，需要在路面上先涂抹底漆（下涂剂）。底漆由合成树脂、可塑剂、芳香族溶剂构成。底漆应根据不同的路面材料选用不同的类型。底漆的涂抹量过多或不足都会降低路面与涂膜间的黏结力。根据路面情况和底漆特性，一般每平方米涂抹60~230g底漆为好。涂抹时使用刷子、滚筒式喷洒机等，将底漆调至浓淡均匀后涂洒。底漆涂洒宽度应比标线放样宽度稍宽一些。底漆涂洒后要养护。当底漆不黏车轮胎，也不黏附灰尘、砂石时，才可以进行标线涂布作业。养护时间与大气温度、路面温度、湿度、风强度、底漆组成、涂抹量、涂抹方法、路面吸水率等因素有关。底漆涂抹时，要仔细，防止遗漏，特别是路面凹凸明显的地方，可以在凹陷处适当涂厚一点。

热熔型涂料施工实际上是一种熔结作业，因此，材料性能及施工方法和技术都直接影响着涂膜性能。施工条件和路面状态是多种多样的，影响路面标线性能的因素也千变万化，因此，每次施工应尽量控制各种因素，争取好的施工质量。热熔型涂料是由颜料、体质材、反光材料与具有热可塑性的树脂混合而成。热熔型涂料与常温型、加热型不同，它不含溶剂或稀释剂，呈粉末状供应。将热熔型涂料加热到180~220℃（根据热熔型涂料采用的树脂类型和配方选择合适的温度），涂料即可成为熔融的流动状态，用划线机涂敷于路面，并紧接着撒布玻璃珠，在常温下固化。当涂敷于沥青路面时，涂料与路面熔合；当涂敷于水泥混凝土路面时，涂料与路面是物理黏结，是机械啃合。正式划线前应在铁板上试划，以确定划线车的行驶速度，调试线宽、标线厚度、玻璃珠撒布量。调试好后，开始正式划线。将粉末状的涂料在熔解釜内熔化，达规定温度后将熔化好的涂料装入涂敷机，到需要划标线的路段将其涂敷于路面上。涂敷作业是标线施工最关键的一步，应按规定操作规程严把质量关。为防止划线车的储料罐和流出口等处涂料黏度变大，可装保温装置，按涂敷量和气候等因素妥善地控制温度。为保证夜间的标线识别性，在标线涂敷的同时要撒布玻璃珠。经验表明，玻璃珠直径有一半埋入涂膜中时，反光效果最好。但要做到这一点不太容易。涂料温度高，玻璃珠撒布快，珠子易沉入涂层中；涂料温度低，玻璃珠撒布慢，涂层已接近固化，玻璃珠不能在涂层上很好固着，容易脱落，反光效果差。因此，玻璃珠撒布受涂料温度、涂层厚度、气候条件等的影响，施工时要严格控制撒布时间。

涂膜干燥时间因室外气温的变化而不同。对于热熔涂料，涂膜干燥时间约为3min，涂料不会黏结在车辆轮胎上，即可以开放交通。

4）双组分型标线的施工

双组分型标线和水性标线也应采用专用设备施工。

5）预成型标线带的施工

预成型标线带施工时，通过其背面预涂胶层或在路面另涂胶结剂，使成型标线带贴附于沥青或水泥路面上。在正常路面温度条件下,借助车辆行驶的压力使标线带与路面紧密结合。预成型标线带的厚度除胶层外不低于 1.5mm;对于有突起断面的成型标线带,其突起部分厚度最低不应小于 0.5mm。成型标线带和防滑彩色路面标线的施工还应符合产品使用说明书的规定。

5 视线诱导标

5.1 一般规定

(1)视线诱导设施应注意安装时机,避免安装太早遭到破坏。

(2)视线诱导设施安装前,应对视线诱导设施的设置条件、设置位置、数量等进行核对,并做出详细的施工组织设计,以便对施工进度、作业程序、材料供应、人员安排等进行合理组织。

5.2 材料要求

(1)轮廓标立柱一般采用强度高、耐候性、耐腐蚀性好的材料,并且加工方便、价格便宜。考虑到方便维修、养护的工作,一般采用金属或合成树脂等材料制作。轮廓标用反射器应选取高透光率的材料,如聚甲基丙烯酸甲酯、聚碳酸酯等树脂。除设计文件另行规定外,轮廓标应采用符合现行《轮廓标》(GB/T 24970—2010)要求的产品。柱式安装的轮廓标,其混凝土基础所用的材料应符合现行《公路桥涵施工技术规范》(JTG/T F50—2011)的规定。

(2)钢构件均应进行防腐处理,除设计文件另行规定外,防腐处理应符合现行《公路交通工程钢构件防腐技术条件》(GB/T 18226—2015)的规定。

(3)太阳能轮廓标或光电轮廓标的材料选择应注意设置地点的环境条件要求,如温度、湿度等。

(4)除轮廓标以外的其他视线诱导设施的材料应满足设计文件和相应标准、规范的规定。

5.3 施工流程及施工要点

(1)柱式轮廓标施工时,应设置混凝土基础。基础开挖达到规定的尺寸和深度后,先浇筑一层片石混凝土,厚度不应小于20cm。接着在片石混凝土上支模板,测定模板顶部的高程。当立柱与混凝土基础浇在一起时,则可将立柱放入模板中,固定就位后,即可浇筑混凝土。混凝土浇筑完成后应采取正常的养护措施,直到混凝土达到规定的强度;当轮廓标柱体或立柱为装配式结构,则应预留柱体插入的空穴,或采用法兰盘连接。柱式轮廓标,可在混凝土基础的预留空穴中安装。安装时轮廓标柱体垂直于地平面,三角形柱体的顶角平分线应垂直于公路中心线,柱体与混凝土基础之间用螺栓连接。

(2)附着于各类构造物上的轮廓标应按照放样确定的位置进行安装。附着于护栏槽内的轮廓标,反射器为梯形,把反射器后底板固定在护栏与立柱的连接螺栓上。附着于缆索护栏上的轮廓标,通过夹具把轮廓标固定在缆索上。附着于隧道壁、挡墙、桥墩、桥台侧墙、混凝土护栏等处的轮廓标,通过预埋件或用胶固定在侧墙上。反射器的安装角度应符合设计文件的规定。安装高度宜尽量统一,并应连接牢固。

(3)除轮廓标以外的其他视线诱导设施的施工应满足相应标准、规范的规定。

6 隔离栅、防护网、防眩板

6.1 隔离栅

6.1.1 一般规定

(1)隔离栅是纵向设置的连续构造物,它的设置应是沿地物平缓过渡,不宜有大起大落的隔离建筑。因此,沿隔离栅的安装位置应进行场地清理,特别是对一些小土丘、坑洞进行挖掘、填平补齐的处理。

(2)在施工安装前,应对隔离栅的设置条件、设置位置和数量等进行核对,并做出详细的施工组织设计,以便对施工进度、作业程序、材料供应、人员安排等进行合理组织。

6.1.2 材料要求

(1)隔离栅所用的各种材料,为了便于采购和加工,其型号、规格、尺寸应尽可能选用标准化产品,材料的技术要求应符合正文中所提标准和规范。

(2)隔离栅所有钢构件都应进行表面防腐处理,其目的是增强材料的抗腐蚀能力,延长使用寿命,此外还能增添隔离栅的美观、艺术效果。

6.1.3 施工流程及施工要点

(1)根据设计文件中确定的隔离栅横断面位置及实际地形、地物条件确定出控制立柱的位置后,应进行必要的清场、定出立柱中心线。然后测量立柱的准确位置,做出标记。

(2)每个柱位均应按设计文件的要求确定高程,但允许按实际地形进行调整。隔离栅在地形起伏的路段设置时,可将地面整修成一定的纵坡,也可顺坡设置。测量高程的目的在于控制各立柱基础高程,保证安装后隔离栅顶面的平顺和美观。

(3)在放样和定位工作完成的基础上,根据设计文件的要求开挖基坑或钻孔,挖钻深度应符合设计要求。基坑到设计要求深度后,应将基底清理干净,经检验合格后,方准进行下道工序。

(4)立柱基础混凝土施工包括现场浇筑和预制两种。不管选用何种施工安装方式,在施工过程中都应严格检查立柱就位后的垂直度和立柱高程,以保证网片安装的质量和隔离栅安装完毕后的整体美观效果。立柱的埋设,应分段进行:先埋两端的立柱,然后拉线埋设中间立柱。控制立柱与中间立柱的平面投影应在一条直线上,不得出现参差不齐的现象。柱顶应平顺,不得出现突高突低的情况。对预制的混凝土立柱和基础在运输及装卸时,应避免立柱折断或摔坏边角。

(5)混凝土强度基础达到设计强度的70%以后,可安装隔离栅网片。

①无框架卷网安装时,应从端头立柱开始先将金属网挂在立柱挂钩上扣牢,然后沿纵向展开,边铺设边拉紧。展网要求自如,挂钩时保证网不变形。整网铺设可在地势较平坦的路段施工,需要承受一定的张拉力,端柱需加斜撑加固。

②带框架的片网一般要求在工厂集中制作完成,因为工厂机械设备较为齐全、生产效率高、成本低、工艺完善、批量流水生产能保证加工制作的质量。有框架的片网安装后要求网面平整、无明显的凹凸现象,立柱间距正确,框架与立柱连接牢固,框架整体平顺、美观。

③刺钢丝安装时应从端头立柱开始,刺钢丝之间要求平行、平直,绷紧后可用12号钢丝与混凝土立柱或钢立柱上的钢钩绑扎固定,横向与斜向刺钢丝相交处用12号钢丝绑扎牢固。

(6)隔离栅网片安装完毕后,立柱基础周围均应进行最后压实处理。

(7) 在桥梁、通道、车行和人行涵洞等需要进行围封的位置,通常也是行人容易破坏进入高速公路的路段,施工时在固封处保证隔离栅封闭严密。

(8) 隔离栅的活动门因为养护和管理的需要,需要开启,应保证强度。

6.2　防落网

6.2.1　一般规定

(1)防落网应在具备安装条件时施工,预埋件需要牢固后方可施工。

(2)在施工安装前,应对防落网的设置条件、设置位置和数量等进行核对,并做出详细的施工组织设计,以便对施工进度、作业程序、材料供应、人员安排等进行合理组织。

(3)设置防落石网前,应保证路边坡的土体、岩石稳定和安全。对边坡进行稳定性处理后方可进行防落石网的施工。

6.2.2　材料要求

(1)防落网所用的各种材料,为了便于采购和加工,其型号、规格、尺寸应尽可能选用标准化产品,材料的技术要求应符合正文中所提标准和规范。

(2)防落网的所有钢构件均应进行表面防腐处理,其目的是增强材料的抗腐蚀能力,延长使用寿命。

6.2.3　施工流程及施工要点

1) 防落物网

(1)防落物网应以上跨桥梁与公路、铁路等设施的交叉点为控制点,向两侧对称进行施工。当上跨桥梁为斜交时,防落物网长度应根据符合设计文件的要求作相应调整。

(2)防落物网的立柱应安装牢固,符合设计文件的要求。

(3)防落物网的网片应牢固地安装在立柱上,网片应平整、绷紧。防落物网应与立柱和锚杆连接牢固。

(4)为防止雷电伤人,施工时,需在合适位置安装接地避雷线。接地避雷线安装要符合设计文件的要求。

2)防落石网

(1)防落石网采用锚杆方式固定于土体或岩石。

(2)环形网和钢丝绳网与土体或岩体间相接处可设置钢管,以保证材料、间距和埋入深度符合设计文件的要求。整个防落石网的稳定性应满足要求。

6.3 防眩板

6.3.1 一般规定

施工前,对防眩板、防眩网的预埋件应进行检查,发现问题及时与建设和设计单位联系并在施工前加以解决。

6.3.2 材料要求

(1) 防眩板可以用金属材料和合成材料制成,防眩网可以用金属材料制成。金属材料指金属板材、金属网和连接件;合成材料包括工程塑料、玻璃纤维增强塑料制品等。上述材料应满足耐腐蚀性及耐候性的要求。现行《防眩板》(GB/T 24718—2009)中对各类防眩板的构件材料有详尽的要求,除设计文件另行规定外,应遵照执行。

(2)钢构件防腐处理可采用热浸镀锌、热浸镀铝、表面涂塑和涂刷油漆等方式,除设计文件另行规定外,应符合现行《公路交通工程钢构件防腐技术条件》(GB/T 18226—2015)和设计文件的规定。对于合成类材料,如设置在盐雾腐蚀、酸雨或除雪剂影响较大的环境时,可选用不易老化、不易褪色和不易变形的高分子合成材料。

6.3.3 施工流程及施工要点

1)设置于混凝土护栏上的防眩板或防眩网的安装

(1)预埋件的设置位置、结构尺寸等不符合设计要求,或未按要求设置预埋件时,应与建设单位联系,不得随意处理,以免破坏混凝土护栏的使用功能。

(2)混凝土护栏是支撑防眩板、防眩网的结构物,防眩板、防眩网安装完成后,各连接件就要受力,混凝土强度达到设计强度的70%以上时,方可在混凝土护栏顶部安装防眩设施。

(3)防眩板、防眩网安装后,其下缘与混凝土护栏顶部的间距应符合设计文件的规定。安装过程中,不得随意抬高防眩板、防眩网以调整高度及垂直度,以免下缘漏光过量影响防眩效果。

(4)防眩板、防眩网安装后,与混凝土护栏成为整体结构,一般不会削弱混凝土护栏的原有功能,但应注意检查。

2)设置于波形梁护栏上的防眩板或防眩网的安装

(1)防眩板或防眩网安装于波形梁护栏上时,可通过连接件安装在波形梁护栏上。

(2)为了简化防眩板或防眩网结构,有时把防眩板或防眩网安装在单侧波形梁护栏上,一般情况下，这种做法不会削弱波形梁护栏原有的功能，但一旦发生碰撞事故，护栏和防眩设施均会遭受破坏，应经常注意检查。

（3）防眩板或防眩网下缘与波形梁护栏顶面之间的间距应符合设计文件的规定，以免漏光过量影响防眩效果。

（4）防眩板或防眩网通过连接件与波形梁护栏连接，施工过程中不应损伤波形梁护栏的金属涂层。任何形式涂层的损伤，均应在24h之内给予修补。

3）独立设置立柱的防眩板或防眩网的安装

（1）防眩板或防眩网单独设置时，立柱一般直接落地埋在中央分隔带内，因此，施工前，应注意清理中央分隔带内的杂物、坑洞，了解管线埋深及位置，处理好与其他在中央分隔带内构造物的关系。立柱埋设在其他位置时，也应进行场地清理。

（2）防眩板或防眩网单独设置时，可根据所在位置选择将立柱埋入土中、设置混凝土基础或固定于构造物上等方式加以处理。

（3）防眩板或防眩网立柱的施工，采用开挖法埋设混凝土基础时，不得破坏地下的通信管线或电缆管线。混凝土基础开挖深度达规定尺寸后，应夯实基底，调整好垂直度和高程，夯实回填土。施工中不得损害中央分隔带地下排水系统。

7 护栏、防撞栏

7.1 一般规定

(1)缆索护栏、波形梁护栏的立柱,不但埋深应符合设计深度,而且护栏立柱必须牢固地埋入到密实的土层中。在高速公路护栏事故调查中发现,很多碰撞事故是因为立柱打入松土中,或由于立柱基础混凝土抗倾覆力不足,立柱不能起到应有的支撑作用,使车辆冲出路外。因此,路基土的压实度小于规定值时,应按规定对土基进行夯实后才能打入立柱或按设计文件要求采取其他加强措施。

混凝土护栏制作或安装后,如果地基没有夯实,混凝土护栏将发生不均匀沉降,影响护栏的美观和受力性能。地基土应按规定程序施工,分层夯实,地基的承载力应符合设计文件的规定。中央分隔带混凝土护栏宜嵌锁在面层中,以防发生横向位移。

(2)现行《公路交通工程钢构件防腐技术条件》(GB/T 18226—2015)中对钢构件防腐的几种形式,如热浸镀锌、热浸镀铝、涂塑、热浸镀锌(铝)后涂塑等的防腐技术条件都做了规定。目前国内最常用、工艺比较成熟、成本较低、使用效果也较好的是热浸镀锌,可优先采用。涂塑和热浸镀锌(铝)后涂塑的工艺可有效增加钢构件的美观程度,目前耐久性稍差,现在主要用于隔离栅和桥梁护网的防腐处理。随着工艺的不断改进,其防腐效果有切实保证后,可推广用于钢护栏的防腐。

为使螺栓、螺母能很好地工作,一般应把经过防腐处理的螺栓、螺母进行螺纹清理或做离心分离处理。

(3)中央分隔带开口护栏的端头基础和预埋基础应在面层施工前完成,其余部分应在路面施工后安装。中央分隔带开口护栏应在工厂加工制作,以保证施工精度。

(4)护栏端头与相邻的护栏连接处,往往是薄弱环节,也是造成衔接处防护失效的主要形式之一。因此,必须保证端头和相邻护栏的连接强度,确保车辆碰撞端头时,连接结构不先于端头本身破坏。

(5)与周边交通设施相协调、高度及基础连接是防撞垫发挥防撞能力的基本要求。

7.2 材料要求

7.2.1 缆索护栏

现行《缆索护栏》(JT/T 895—2014)、《公路护栏用镀锌钢丝绳》(GB/T 25833—2010)及《钢结构用高强度大六角头螺栓、大六角螺母、垫圈技术条件》(GB/T 1231—2006)等标准、规范对缆索护栏所用的各种材料的规格和材质均有详细的规定,除设计文件另行规定外,原则上应选择符合上述标准的产品。

7.2.2　波形梁护栏

现行《波形梁钢护栏　第1部分:两波形梁钢护栏》(GB/T 31439.1—2015)、《波形梁钢护栏　第2部分:三波形梁钢护栏》(GB/T 31439.2—2015)及《结构用冷弯空心型钢尺寸、外形、重量及允许偏差》(GB/T 6728—2002)等标准、规范对波形梁护栏所用的各种材料的规格和材质均有详细的规定,除设计文件另行规定外,原则上应选择符合上述标准的产品。

7.2.3　混凝土护栏

(1)现行《公路桥涵施工技术规范》(JTG/T F50—2011)对公路桥梁中所采用的混凝土材料的配置均作了具体规定,施工时应根据设计文件中提供的混凝土强度等级遵照执行。

(2)钢管桩可采用与护栏立柱相同的材料制作。

7.2.4　桥梁护栏

(1)桥梁护栏所用的各种材料应符合设计文件和相关标准的规定。

(2)钢构件的防腐质量是保证钢构件使用耐久性的重要条件之一,关于防腐层的使用寿命可参考下列资料。防锈层的寿命主要取决于腐蚀环境和镀(涂)层的耐久性。

7.3　施工流程及施工要点

7.3.1　缆索护栏

1)放样

(1)在放样前先确定好控制点(即控制立柱的位置)是非常重要的。缆索护栏是沿公路设置的连续性结构,它们与公路上的各种构造物应该进行很好的协调配合。在大中桥的桥头,缆索护栏与桥梁护栏有过渡的问题;在互通式立体交叉的进、出口匝道的分、合流处,缆索护栏有端头处理问题;在小桥、通道、明涵处,有缆索护栏如何跨越的问题等。选择控制点的目的就是为了使护栏的布设更趋合理、施工更加方便。在控制点的位置大致确定以后,可根据设计文件的要求,对端部立柱、中间端部立柱、中间立柱的位置进行最后调整、定位。

(2)对地下管线、构造物等隐蔽工程的了解应周详仔细并进行适当处理,这样可减少在护栏安装过程中的损失。

2)端部立柱和中间端部立柱的设置

(1)端部立柱和中间端部立柱均由立柱、斜撑和底板构成三角形支架。在安装之前,应按设计文件的要求,对各部件进行加工、钻孔,并进行焊接、防腐处理。

(2)基础埋设于土基中时,应根据混凝土基础的位置放样,根据放样线开挖基坑,并严格控制基坑尺寸。达规定高程后,经工程监理人员检查合格后,可开始铺砌基底的片石混凝土，经夯实后，架立符合设计规格的模板，安装稳固后即可浇筑混凝土。混凝土达到规定高程时，安放三角形支架并准确定位。为使端部立柱或中间端部立柱的位置和高程在混凝土振捣过程中不变形，应采用适当的临时支架。基础混凝土浇筑完成后，应注意对基础混凝土进行养护，直到混凝土强度能保证其表面及棱角不因拆除模板而受损坏时方可拆除模板。拆模后如发现混凝土质量有问题，应立即报告监理工程师，商讨补救措施。处理合格后，才能进行基础回填土，分层夯实，直到规定的高程。详细过程可见现行《公路桥涵施工技术规范》（JTG/T F50—2011）的规定。

（3）端部立柱或中间端部立柱的基础应尽量避免与各种构造物连在一起，如因各种原因端部立柱的基础落在人工构造物中时，则应在构造物的水泥混凝土浇筑前，按设计文件的要求设置预埋件，混凝土达到规定强度时再安装端部立柱或中间端部立柱。

3）中间立柱的设置

（1）为达到强度的要求和美观的效果，由中间立柱构成的线形应与公路线形相一致。

（2）中间立柱埋设于土基中时，因路基土质的不同而有不同的施工方法，常用的有以下几种：

①挖埋法：挖埋法可用人工挖孔，主要工具是钢钎和掏勺。在设置中间立柱的位置开挖直径不小于30cm的孔穴，达规定深度后，放入中间立柱。定位后，用砂土分层回填夯实，并达到规定的压实度。挖埋法适合于采用打入法有一定困难的路段。柱孔挖好以后，要检查孔径、深度、垂直度，合格后，方准进行立柱的埋设与安装。

②钻孔法：在设置中间立柱的位置处用螺旋钻孔机等机械钻孔，达埋置深度的一半左右时，再将立柱打入到规定深度。钻孔法适合于挖埋、打入均有困难的路段，可用螺旋钻机或冲击钻等钻具进行定位钻孔，柱孔直径在30cm左右。柱孔钻好以后，要检查孔径、深度、垂直度，合格后方准进行立柱的埋设与安装。

③打入法：在设置中间立柱的位置直接用打桩机（如气动打桩机、振动打桩机等）将立柱打入土中。打入过程中，立柱不应产生明显的变形、倾斜或扭曲。打入法适合于路基土中含石料很少的路段，采用打桩机打入立柱，可以精确控制立柱的位置和打入的深度。

埋设中间立柱时，为保证立柱纵、横向位置和垂直度的正确，可采取支架的办法进行临时性固定。然后进行逐根立柱的调整，包括立柱埋深（高程控制）、垂直度、纵向线形、横断位置等的调整，检查合格后，即可将立柱固定在临时支架上，再次进行纵、横、高的检查，确认无误后，才允许用路基土分层回填夯实。在用路基土分层夯实有困难时，允许用水泥用量不小于255kg/m^{3}的素混凝土浇筑。混凝土应按设计强度等级严格掌握配合比。浇筑混凝土时，应边填料边用钢钎捣实，一直浇筑到与地面齐平，抹平后，应注意养护。

4）托架安装

中间立柱或中间端部立柱上安装的托架，应首先确认缆索护栏的类别及相应的托架编号和组合，在核对无误后即可开始安装托架。

缆索护栏的托架应朝向车行道，上托架和下托架在安装前应分清楚。托架应按设计文件的要求用螺栓固定在立柱上。

5）架设缆索

(1)架设缆索以前,应先检查端部立柱、中间端部立柱和中间立柱的位置是否正确,立柱与基础连接的牢固程度,以及立柱的垂直度、高程等是否满足设计要求。在基础混凝土强度达到设计强度 80%以上时,才能架设缆索。

(2)把缆索支放在立柱的内侧(即车行道一侧),可以用专门的滚盘或人工放缆索,在滚放缆索的过程中,应避免把整盘钢丝绳弄乱,不应使钢丝绳打结、扭曲受伤,应避免在路面上长距离拖拽,直到把缆索从端部立柱的一端滚放到另一端的端部立柱或中间端部立柱为止。

(3)在安装缆索以前,应先把缆索固定在索端锚具上。固定的方法有楔子锚固法和灌注锚固法。

①楔子锚固法:先把缆索插入索端锚头中,然后把缆索按股解开,解开的长度按索端锚头的尺寸来确定,然后用小锤子把铝制棋子紧紧地打入插座中,缆索就被楔子锚住了。

②灌注锚固法:先把缆索插入索端锚头中,然后把缆索先按股解开,接着把每股钢丝绳按单丝分开,并把每根钢丝绳都调直,经除油处理后,即可往索端锚头中灌注合金,冷却后缆索就锚住了。

可根据施工条件选用其中一种。把缆索固定在锚具上以后,装上拉杆调节螺栓,并把索端锚具安装到端部立柱上。

(4)把索端锚具装到端部立柱上后,把拉杆螺栓调节好,就可顺着中间立柱把缆索临时夹持在托架的规定孔槽中,一直把缆索连接到另一端部立柱或中间端部立柱上,这时的缆索完全处于松弛状态。此时应利用缆索张紧设备临时拉紧。张紧设备可采用倒链滑车、杠杆式倒链张紧器或其他张紧设备。在钢丝绳与张紧器之间通过钢丝绳夹固定,逐渐把钢丝绳拉紧。根据规定 C 级、B 级和 A 级缆索护栏的初拉力为 20kN。在临时张拉的过程中要不断检查托架上的索夹保持放松状态,并在各中间立柱之间不断向上挑动缆索。缆索拉至规定初拉力后,持荷 3min。除了现行《公路交通安全设施设计细则》(JTG/T D81—2006)里提到的三种缆索护栏外,其他根据需要开发的满足现行《公路护栏安全性能评价标准》(JTG B50—2013)的缆索护栏的初张力及持荷时间,参考相应的缆索护栏产品的安装说明书。

(5)在临时张紧状态下,就可根据索端锚具的尺寸确定切断缆索的正确位置。切断缆索的断面要垂直整齐,为防止钢丝松散,可在切断处两端用铁丝绑扎。缆索的切割可用高速无齿锯,以避免引起钢缆端部退火。

缆索切断后可按本款第③项规定的方法锚固在索端锚头上。

(6)缆索与索端锚具固定后,即可与拉杆螺丝连接,并安装到端部立柱上,这时可以卸除临时张拉力,缆索已经被紧紧地架设在护栏立柱上了。

(7)护栏的缆索应从上向下依次一根一根地安装,每根缆索的安装次序都按上述的步骤进行。

(8)缆索护栏的缆索最大长度,当采用人工架设时为 300m,采用机械架设时,长度可达 500m。每段护栏的所有缆索应自上至下连续完成。每段护栏的缆索架设完毕后,应进行全面检查缆索的张紧程度。检查合格后,可逐个拧紧托架上的索夹,把缆索的位置固定。同时，拧紧拉杆螺丝上的调整螺母，把缆索固定好。

7.3.2 波形梁护栏

1）立柱放样

立柱放样应以公路固定设施如桥梁 、通道、涵洞、隧道、中央分隔带开口、紧急电话开口、互通立交等为主要控制点（即控制立柱的位置）。应在两控制点之间量距，如出现零头数，通过合适的调整段调整后，立柱间距可能有不大于 25cm 的间距零头数，可通过分配法将其调整至多根立柱间距中。

为准确放样和保证护栏的线形，在条件允许时可使用全站仪、经纬仪、水准仪等测量仪器。

放样后，应确认立柱施工将不会造成对地下设施的损坏，否则应调整立柱的位置。在涵洞顶部填土高度不足时，应改用混凝土基础，或调整该立柱的位置。

2）立柱安装

（1）护栏与公路线形相一致，不但美观，而且能增加护栏的整体强度。

（2）如路肩和中央分隔带路基情况允许，一般采用打入法设置立柱，但立柱定位应准确无误。立柱打入土中应至设计深度，当打入过深时，不得只将立柱部分拨出加以矫正，而需将其全部拔出，待基础压实后重新打入。

打入困难时，可采用钻孔法或挖埋法施工。采用这两种方法时，回填土应分层夯实，使其具有不低于相邻原状土的密实度。

（3）沥青路面段设置立柱时，柱坑从路基至面层以下 5cm 处采用与路基相同的材料回填并分层夯实，余下部分采用与路面相同材料回填并夯实。立柱位置、高程在安装时需严格控制。

（4）石方区的护栏应根据设计文件的要求设置混凝土基础。

（5）护栏立柱设置于构造物中时，应在构造物施工时做好混凝土基础。采用预留孔基础时，应先清除孔内杂物，排出孔内积水。将液态沥青在孔底刷涂一遍，然后放入立柱，控制好高程，即可在立柱周围灌注砂浆或混凝土。在灌注时一定要保持立柱的正确位置和垂直度。灌注完毕并捣实后，可用沥青封口，以防止雨水漏入孔内。采用法兰盘基础时，应把定位法兰盘和地脚螺栓、螺母清理干净，安装立柱时应控制立柱的方向和高程，调整其位置，经检查合格后方可拧紧法兰盘地脚螺栓。如采用可抽换式基础时，承座器应先固定在构造物中，安装时把立柱插入其中，调整好高度，即可把迫紧器与承座器的连接螺栓拧紧，立柱即被锁固。

（6）考虑到护栏结构对景观及对驾驶员视线诱导的影响，立柱就位后其线形和高度需顺畅。

（7）渐变段及端部为护栏施工中需重点注意的部位，施工中应严格控制其立柱位置，注意线形。

3）防阻块、托架、横隔梁安装

（1）防阻块能防止立柱阻绊车轮，避免护栏局部受力、减小碰撞时车辆的加速度。托架适用于路肩较窄或护栏设置防阻块受限的情况。在安装时,应保证使其准确就位。在调整好立柱后,即可安装防阻块,最后安装波形梁板并进行统一调整。防撞等级为SA、SS和HB的路侧波形梁护栏以及防撞等级为SAm、SSm和HBm的分设型波形梁护栏,在安装防阻块时,应根据设计文件要求,同时安装上层立柱。

(2)设有横隔梁的护栏,把梁与横隔梁连为一体成为组合型护栏。横隔梁应平行于路面(即垂直于立柱)安装。在安装波形梁板之前不应拧紧横隔梁与立柱的连接螺栓,否则不易进行总体调节。

4)横梁安装

(1)波形梁护栏板的搭接方向是安装的关键,搭接方向应与行车方向一致。如搭接方向相反,即使是轻微的擦碰,也会造成较大的损失。为保证护栏板通过拼接形成牢固的纵向整体横梁,拼接螺栓必须采用高强螺栓。

(2)波形梁护栏与上层横梁与上层立柱通过螺栓连接。

(3)如经调节后出现不规则的立柱间距时,可利用设计文件中的调节板加以调节,考虑到强度和防腐的因素,不得采用现场切割护栏板的方法。

(4)波形梁护栏板在安装过程中需不断进行调整,因此,不应过早拧紧其连接螺栓和拼接螺栓,否则将无法发挥板上长圆孔的调节作用。待调节完成后,需按规定扭矩拧紧拼接螺栓。

5)端头安装

中央分隔带护栏的端头梁与两侧梁相连,端头附近的立柱应按设计文件的要求进行加强处理。路侧护栏的端部结构由端柱、端头梁、混凝土基础等组成。如因土基压实度不足等原因需要对端部结构进一步加强时,经论证,可根据设计文件的要求采用其他加强措施。

7.3.3　混凝土护栏

现行《公路桥涵施工技术规范》(JTG/T F50—2011)对现浇和预制混凝土的拌制、运输、浇筑、抗冻、抗渗及防腐蚀、养护及修饰和模板的制作等做了全面的规定,本条主要针对混凝土护栏的特点做出了一些特殊规定。

(1)混凝土护栏的起讫位置应由公路构造物,如大、中桥梁、中央分隔带开口、隧道等作为控制点,定好长度并应精确测量。施工放样时,应根据现场条件确定混凝土护栏的中心位置及设计高程。浇筑混凝土护栏基础前,应检测基础承载力是否达到150kN/m^{2}或设计规定值。

(2)混凝土护栏的浇筑一定要保证混凝土护栏的光滑、平整,这主要是基于以下原因:

①由于车辆与护栏碰撞时做连续滑移运动并最终脱离护栏,所以要求护栏与车辆的接触面要光滑,没有明显的突出物,以降低车辆与护栏接触面的摩擦系数,从而延长车辆与护栏的接触时间,减小车辆的加速度,达到保护乘客安全的目的。

②对混凝土护栏表面如采用一般水泥砂浆抹面的方法修整,虽然一定时间内也能起到降低摩擦系数和增加美观的效果,但由于护栏表面要不断承受车辆的碰撞与摩擦,以及气候变化引起的冻融破坏,造成护栏表面脱皮、剥落。结果是护栏外观不但不美观,而且使护

栏表面摩擦系数增大,影响了护栏的防撞性能。

因此,混凝土护栏的模板制作应符合本指南及现行《公路桥涵施工技术规范》(JTG/T F50—2011)的规定。混凝土护栏的模板和脱模剂类别应统一,模板应光洁,无变形、无漏浆,这样才能保证混凝土护栏表面的光滑、平整,使混凝土护栏充分发挥功能。

7.3.4 桥梁护栏

1) 预埋件设置与立柱放样

(1)放样前,应选择桥梁伸缩缝附近的端部立柱等作为控制立柱,并在控制立柱之间测距定位。

(2)立柱放样时,当间距出现零数,可用分配的办法使之符合横梁规定的尺寸。立柱宜等距设置。

(3)立柱定位后,在桥面板或人行道板上准确地设置预埋件,如地脚螺栓或套筒等,并采取适当措施,保护预埋件在桥梁施工期间免遭损坏。

2)护栏安装

(1)护栏安装前应对立柱基础预埋件的位置进行复测,符合设计要求后方能安装立柱和横梁。安装前应做好施工场地的各项准备工作,安装过程中应特别注意控制螺栓扭矩、焊缝间距、桥梁伸缩缝的设置间距。横梁和立柱的位置应准确。连接螺栓和拼接螺栓初始不宜过早拧紧,以便在安装过程中充分利用横梁和立柱法兰盘的长圆孔进行调整,使其线形顺适,不应出现局部的凹凸现象。最后必须拧紧螺栓。

(2)横梁、立柱等构件在安装过程中应尽量避免损坏防腐层。安装完成后,应对被损坏的防腐层按规定的方法进行修复。